Minerales a toda hora y en todo lugar

ANDRÉS VALENZUELA | LUCIANA FERNÁNDEZ

ASESOR CIENTÍFICO: DR. ANDRÉS FOLGUERA

DIRECTORA DE COLECCIÓN: PAULA BOMBARA

eudeba

El reino que no vemos

Hay muchas formas de ver el mundo. Una de ellas es pensar que cada cosa pertenece a un gran grupo o "reino": animal, vegetal o mineral.

Los dos primeros son fáciles de reconocer: todos los animales, desde la bacteria más pequeñita hasta la ballena azul más grande, conforman el reino animal; y todos los vegetales, desde las enredaderas hasta las zanahorias, incluyendo cactus y semillas, el reino vegetal; pero... ¿qué cosas de la naturaleza son minerales?

El reino mineral está formado por sustancias de origen natural que no están vivas ni son restos de algo que estuvo vivo. Tal vez no pensamos mucho en ellos porque no se mueven como los animales, o no los vemos florecer, como las plantas. Pero son parte de nuestro paisaje y hacen posible que la vida sea tal como es.

Los minerales son sustancias sólidas que tienen características muy definidas pues sus átomos (es decir, las partículas más pequeñas que los forman) están ordenados de tal manera que la mayoría compone estructuras geométricas perfectamente organizadas en el espacio. Según cual sea el orden que tomen los átomos, los minerales tendrán distintas propiedades –como brillo, dureza, resistencia y muchas otras.

Esta disposición en el espacio, en forma de "cristales", hace que tengan, también, puntas o vértices, superficies planas y lisas, aristas y bordes bien delimitados. Su tamaño y perfección dependen de las condiciones climáticas, del tiempo que demoraron en formarse y de cuánto estuvieron "reposando". Buenos ejemplos son la sal común, cada componente de las montañas y los diamantes –entre muchos otros minerales.

Desde hace miles de años, hombres y mujeres han utilizado minerales para desarrollar su modo de vida. ¿Cómo? Tomándolos de las montañas, por ejemplo; o de las salinas; o de otros ecosistemas. A la actividad que se ocupa de buscar y tomar de la naturaleza los minerales se la llama MINERÍA.

¿Dónde se encuentran?

Los minerales están en la tierra, a veces sobre su superficie; otras, formando parte de grandes cordones montañosos; también, en las profundidades.

En las industrias y en las actividades económicas en general utilizamos tres tipos de minerales:

- Los minerales METALÍFEROS, que son los que tienen metales, sustancias como el hierro, el plomo, el zinc, el estaño, el aluminio o el oro, entre otras.
- Los minerales NO METALÍFEROS, que no tienen metales, e incluyen la sal o el yeso, por ejemplo.
- Las ROCAS DE APLICACIÓN, como la caliza, la arena, el mármol y casi cualquier tipo de piedra. Suelen usarse en construcción.

Sin embargo, hay muchos, muchos minerales y a veces los incorporamos en nuestra vida casi sin darnos cuenta. ¡Hasta los comemos!

¡Qué rico este mineral!

Sea porque provienen de la tierra o porque se los agregan en una fábrica, muchos de los alimentos que comemos incluyen minerales.

Cada animal y vegetal que comemos toma de otros animales, vegetales o de la misma tierra las cosas que necesita para vivir. En ese camino de alimentarse aparecen los minerales. Por ejemplo, depende de cuán "rica" en minerales sea la tierra, así crecerán las plantas: si es más rica, entonces las plantas crecerán más sanas, más fuertes y darán mejores frutos. Si una vaca pasta en mejores campos, producirá más litros de una leche más nutritiva.

¿Nunca te llamó la atención que las cajas y los potes de algunos productos anunciaran "con vitaminas esenciales y hierro"? Bueno, el HIERRO es un mineral que necesitamos para que el oxígeno que respiramos llegue a todas las células del cuerpo; cuando nos falta, nos sentimos cansados y nos vemos pálidos. Lo sumamos a nuestra vida cuando comemos carnes rojas o un buen guiso de lentejas.

También necesitamos mucho CALCIO: es lo que hace que nuestros huesos, uñas y dientes sean resistentes y puedan mover el peso de nuestros cuerpos. Por eso es fundamental tomar leche y consumir productos que se hacen con ella.

¿Comemos más minerales? ¡Seguro! Un montón. El magnesio, por ejemplo, que da elasticidad a nuestros músculos y nos ahorra calambres. El potasio, que ordena cómo circula el agua por nuestro cuerpo.

Pero hay un mineral más que es clave en cada comida. Uno que si no se lo agregamos nos parece fea, pero que si le ponemos mucho puede hacernos mal. ¿Adivinaste de cuál se trata? ¡Claro, de la SAL!

La sal es la única roca mineral comestible para el hombre. Tan importante resulta que a lo largo de la historia llegó a servir como dinero en más de una ocasión. Obviamente, es la sustancia con la que damos un sabor... ¡salado! a nuestras comidas, y si se la mira muy de cerca, tiene forma de pequeños cristales.

Existen dos tipos de sal en la naturaleza.

La que está en la tierra
y podemos extraer en forma
de ROCAS DE SAL
y la SAL MARINA, que se obtiene
cuando el sol y el viento evaporan
el agua de mar.

En casa y para hacer cosas

Ya que hablamos de comida, la COCINA es un lugar de la casa donde abundan los minerales: los utensilios de cocina suelen ser de hierro, de cobre o de alguna variedad de lata, también existen los de acero inoxidable.

Las cañerías de gas suelen ser de metal, y lo mismo puede decirse de las garrafas o bombonas. Las cocinas y las hornallas mismas se alimentan con gas para poner la olla al fuego. En todo ello aparece el metal como un elemento fundamental.

También se usan minerales para hacer los caños que transportan el AGUA. Ella misma es un compuesto que suele mineralizarse y, además, es indispensable para la vida.

Si bien es cierto que hay muchas casas de madera, lo cierto es que la mayoría de los hogares y edificios se construyen con minerales. ¿Cómo es eso? Muy simple: hay un montón de variedades de minerales que sirven para edificar una casa.

Los ladrillos, por ejemplo, son barro de distinto tipo, cocido y endurecido. El barro no es más que una mezcla de algún tipo de arcilla y agua. La arcilla es... un mineral.

Muchas veces se utiliza cal para blanquear una superficie. La cal es otro tipo de mineral. También lo es el yeso (el mismo que se usa cuando alguien se quiebra un hueso y hay que sostenerle firme la zona).

El cemento es una combinación de minerales que se prepara diferente según se lo use para unir ladrillos o en grandes bloques, por ejemplo. Suele mezclarse con piedras de distinto tipo que son, siempre, siempre, minerales.

Ya que hablamos de piedras, hablemos también de pisos y cerámicos. ¡También ellos tienen su origen en productos minerales! El mármol de los edificios públicos o de las casas más tradicionales es un mineral (y uno muy resistente).

Pero eso no es todo. Los metales que nombramos al inicio se usan muchísimo en la construcción: desde los cables (que muchas veces son de cobre) hasta las barras de acero que se usan en las grandes estructuras. Perfiles, planchas, vigas y un sinfín de otras variedades de acero sirven para construir enormes edificios.

¿Qué es el acero? El acero es una aleación (una mezcla) de metales. El principal es el hierro, que forma parte de la mayoría de los productos fabricados en las empresas. Para trabajarlo se funde a altísimas temperaturas (algo parecido a cuando derretimos manteca, pero mucho más caliente) y se lo mezcla con otros metales que también fueron fundidos a altas temperaturas. Cuando la mezcla de metales se enfría, el resultado es un producto mucho más resistente o con características especiales.

Un ejemplo de esto es el acero inoxidable, que resulta de la mezcla de hierro y níquel. Con acero inoxidable se fabrican gran parte de los utensilios de cocina que son de metal.

¿Dónde más se usa el acero inoxidable? ¡En los autos!

La industria automotriz y la que fabrica el acero están muy relacionadas porque la primera necesita sí o sí lo que la segunda produce. Son industrias que se complementan, pues la segunda necesita vehículos para trasladar su producción.

Existen distintas variedades de acero para armar coches, camionetas y casi cualquier cosa con ruedas (muchos neumáticos, incluso, tienen rejillas metálicas por dentro). También se utilizan minerales metalíferos para la construcción de trenes, subterráneos, aviones, barcos y toda clase de máquinas movibles, como grúas y mezcladoras.

Ya que hablamos de medios de transporte, es interesante saber que basta con pararnos en cualquier ruta para estar pisando minerales. Esto sucede desde hace muchísimo tiempo: el Imperio Romano, por ejemplo, construyó una extensa red de carreteras para unir sus provincias. Esas rutas estaban hechas de piedra y aún hoy subsisten. En la actualidad usamos asfalto, que es una mezcla de un derivado del petróleo con una cantidad variable de distintos minerales.

Y si usamos tanto hierro, ¿no se va a terminar?

Es cierto que todos los recursos naturales pueden acabarse algún día. Pero el hierro es uno de los elementos más comunes de nuestro planeta. Abunda en la capa exterior y también ¡en el centro de la Tierra!

Espadas, escudos y algunos minerales peligrosos

Los romanos construyeron muchas cosas, no sólo caminos. Supieron tener ejércitos enormes. Y los ejércitos siempre usaron grandes cantidades de minerales. Las lanzas y flechas de los primeros hombres tenían puntas de piedra. En el Medioevo se usaban espadas. Hoy se usan balas. La bala, además, va impulsada por pólvora: una combinación de carbón, azufre y nitrato de potasio.

En la antigüedad, como los metales suelen ser muy pesados, los escudos eran de madera. En ocasiones les agregaban detalles de metal, que resaltaban la fuerza y la riqueza de quienes lo portaban.

Además, pese a lo que las películas muestran de la Edad Media, las armaduras completas eran muy infrecuentes. Pocos podían pagarlas. Cuando se juntaban los ejércitos, en general los campesinos iban con armas improvisadas: porras de madera y los instrumentos que usaban para trabajar la tierra.

En la actualidad, no sólo se usan minerales para fabricar las armas, sino también para desarrollar la tecnología que utilizan los ejércitos.

Y claro, hay que tener en cuenta que muchas veces los ejércitos pelearon por minerales. Por ejemplo, por minas de oro, plata o cobre.

Los minerales también nos comunican

Gracias a inventores como Thomas Edison y a científicos como Nikola Tesla, aprendimos a utilizar los minerales para comunicarnos. Por ejemplo, si uno desarma un teléfono fijo, encontrará cobre en su interior. Si rompe un reloj digital, encontrará dentro un fragmento muy pequeño de cuarzo. Lo mismo sucede con los micrófonos. Y aunque a veces están recubiertas por una goma o algún tipo de plástico, casi todas las antenas que utilizamos son de algún tipo de metal. Incluso nuestras computadoras y nuestros teléfonos celulares o móviles están recorridos por pequeños hilillos de distintos metales.

¿Por qué sucede esto? Porque los metales se caracterizan por conducir fácilmente la electricidad. Y cuando nos comunicamos por teléfono, utilizamos nuestra computadora o hablamos a través de un amplificador, nuestras voces e instrucciones se transmiten por “impulsos” que cada aparato reproduce de modo que pueda comprenderse aquello que expresamos.

Por esta misma razón, los metales se utilizan en todo lo que tenga que ver con la electricidad. Televisores, cines, radios, lámparas, microondas...

Las pilas y las baterías también utilizan minerales. Las pilas comunes, mercurio y plata, dos metales que se usan para muchísimas otras cosas. Las pilas recargables se fabrican con cadmio, elemento que es muy abundante en la tierra y que se usa también para hacer soldaduras. Las baterías de las computadoras portátiles suelen emplear litio, un metal ligero que es tan aprovechable que incluso tiene aplicaciones en medicina.

El problema de usar pilas y baterías es que, una vez que pierden su poder de generar electricidad, resultan contaminantes para el planeta. Es muy costoso reciclarlas y, por tal motivo, hay pocas plantas recicladoras en el mundo. Pero lo peor que podemos hacer es acumular pilas viejas en casa: su efecto contaminante es mucho mayor si se da en grandes cantidades.

La primera pila eléctrica se hizo con cobre y zinc en el año 1800.

La inventó un físico italiano llamado Alessandro Giuseppe Antonio Anastasio Volta. En su honor, a la unidad de fuerza electromotriz se la llama "voltio".

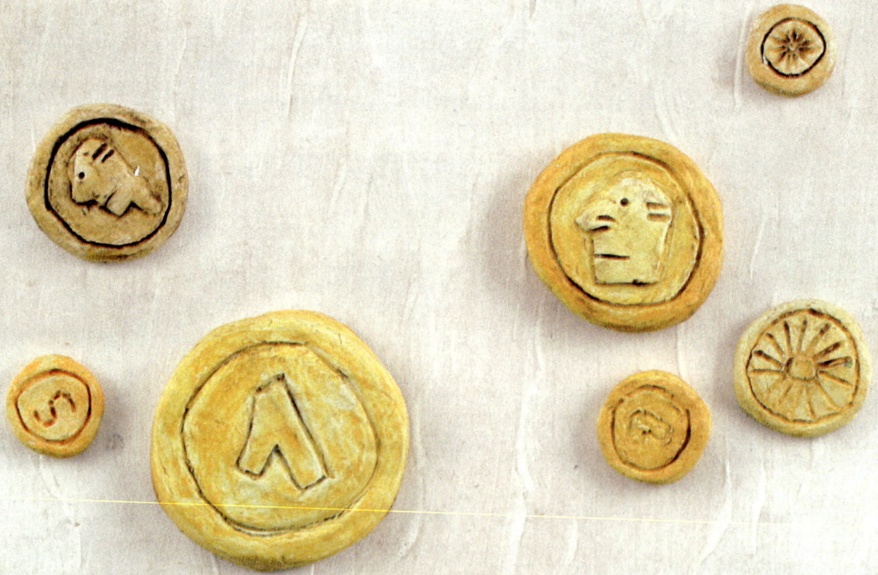

Pagar con "chapitas" de mineral

Hoy existen muchas opciones para pagar las cosas que compramos: cheques, billetes, tarjetas de crédito y un montón más. Pero hubo una época en la que el principal elemento de cambio era la MONEDA. Hubo monedas de piedra, de madera, de coral y de muchos otros materiales, pero las que más conocemos son las monedas de metal. O de una combinación de metales.

La moneda de 1 peso argentina, por ejemplo, está compuesta por cobre, aluminio y níquel en su centro, y el anillo exterior es de cobre y níquel.

Los países suelen tener reservas de ORO –que es un metal precioso muy apreciado– como muestra de su poderío económico. De hecho, también hay otros metales y piedras preciosas que cuestan muchísimo dinero por lo difícil que resulta encontrarlos. Tener un gran diamante, por ejemplo, implica una gran fortuna.

El oro también se utiliza en la fabricación de joyas, aunque tiene un montón de aplicaciones distintas: a veces se lo emplea mezclado con mercurio para formar empastes dentales; también aparece en instrumentos de música, como las flautas traversas más modernas y en algunos modelos de teléfonos celulares. ¡Hasta en artículos de belleza y productos medicinales! Algunas marcas empezaron a probarlo entre los componentes de sus cremas faciales.

El arte de los minerales

Cascabeles, platillos y campanas. ¿Qué tienen en común? Que son instrumentos musicales y están hechos de metal. A los platillos, por ejemplo, suele llamárselos "bronces", por el metal con el que están hechos.

Es que los minerales "se meten" hasta en la música que escuchamos. Los primeros instrumentos de cuerda (vihuelas, fidulas y rabeles, por ejemplo) hacían sonar tripas de carnero, pero luego se fueron reemplazando estos materiales. Hoy, los violines, guitarras, piano y arpas usan cuerdas de acero, a veces recubiertas con nailon e, incluso, oro.

La música no es el único arte que utiliza minerales. ¿Hay algún lápiz cerca tuyo? Verás que su mina es un mineral, el grafito. ¿Te gusta dibujar? Las primeras tintas y pinturas utilizaban algún tipo de mineral para su coloración (el rojo, por ejemplo, se hacía con cadmio). Como muchos pintores murieron intoxicados de tanto chupar los pinceles, ahora se usan colorantes vegetales. El problema es que a veces la pintura igual tiene metales pesados, como el plomo, ¡así que mejor ni la acerques a tu boca!

¡¿Y qué decir de la escultura?!: el cincel es de hierro y la obra, ¡de roca! ¡¿Y en la fotografía y en el cine?! Las cámaras se construyen con minerales y funcionan gracias a minerales.

¿Y en los consultorios? La medicina y la odontología, a lo largo de su historia, han ido construyendo sus instrumentos con metales cada vez más apropiados: no deben intoxicar ni portar bacterias que puedan infectar a los pacientes. El acero quirúrgico es de uso indispensable en la actualidad pues puede descontaminarse con facilidad y no provoca reacciones alérgicas ni en las personas más sensibles.

¿Sabías que en la Asociación Minerológica Internacional los científicos que los estudian hicieron un listado de 6.500 minerales?

¡Y suman 50 o 60 nuevos cada año!

También en todos los aparatos de alta tecnología que desarrollan y utilizan los científicos están presentes gran cantidad de minerales. En microscopios, tomógrafos, satélites y naves espaciales, para nombrar sólo algunos, hay minerales.

En el paisaje, en tu casa, en tu bicicleta, en tu ropa, en tu comida, en las actividades que te dan placer... Se podría hacer una lista muy larga con todos los minerales que nos rodean. ¿Cuáles te parecen más importantes? ¿Existirán otros de uso habitual que no mencionamos aquí? Como hemos visto, ¡hay minerales a toda hora y en todo lugar!

Índice